身边生动的自然课

溪边动物王国

高　颖◎主编　吕忠平◎绘

吉林科学技术出版社

图书在版编目（CIP）数据

溪边动物王国 / 高颖主编. 一长春：吉林科学技术出版社，2021.3
（身边生动的自然课）
ISBN 978-7-5578-5255-9

Ⅰ.①溪… Ⅱ.①高… Ⅲ.①水生生物—儿童读物
Ⅳ.①Q17-49

中国版本图书馆CIP数据核字(2018)第300010号

身边生动的自然课　溪边动物王国

SHENBIAN SHENGDONG DE ZIRANKE　XIBIAN DONGWU WANGGUO

主　　编　高　颖
绘　　者　吕忠平
出 版 人　宛　霞
责任编辑　杨超然　汪雪君
封面设计　纸上魔方
制　　版　纸上魔方
幅面尺寸　226 mm × 240 mm
开　　本　12
印　　张　4
字　　数　32千字
印　　数　1—6000册
版　　次　2021年3月第1版
印　　次　2021年3月第1次印刷
出　　版　吉林科学技术出版社
发　　行　吉林科学技术出版社
地　　址　长春净月高新区福祉大路5788号出版集团A座
邮　　编　130118
发行部电话/ 传真　0431-81629529 81629530 81629531
　　　　　　　　　　81629532 81629533 81629534
储运部电话　0431-86059116
编辑部电话　0431-81629520
印　　刷　吉林省创美堂印刷有限公司
书　　号　ISBN 978-7-5578-5255-9
定　　价　19.90元

前　言

　　"物竞天择，适者生存。"无论身处何种环境，生物总是用自己独特的生存方式演绎着生命的乐章，它们与人类的发展相依相伴。它们拥有独特的优势，凭借着自身的智慧繁衍着。

　　本系列图书带我们走入生物的世界，揭开大自然的奥秘。从鸟类捕食的致命一扑，到海滨动物奇妙的家；从动植物特征到动植物分类。针对生物界神秘的语言、复杂的生存环境，将它们的生长、繁育、捕猎、防御、迁徙、共生等生活细节以精美的插画形式充分展现，帮助小读者形成较完整、准确的生物知识架构，建立学科思维。

目 录

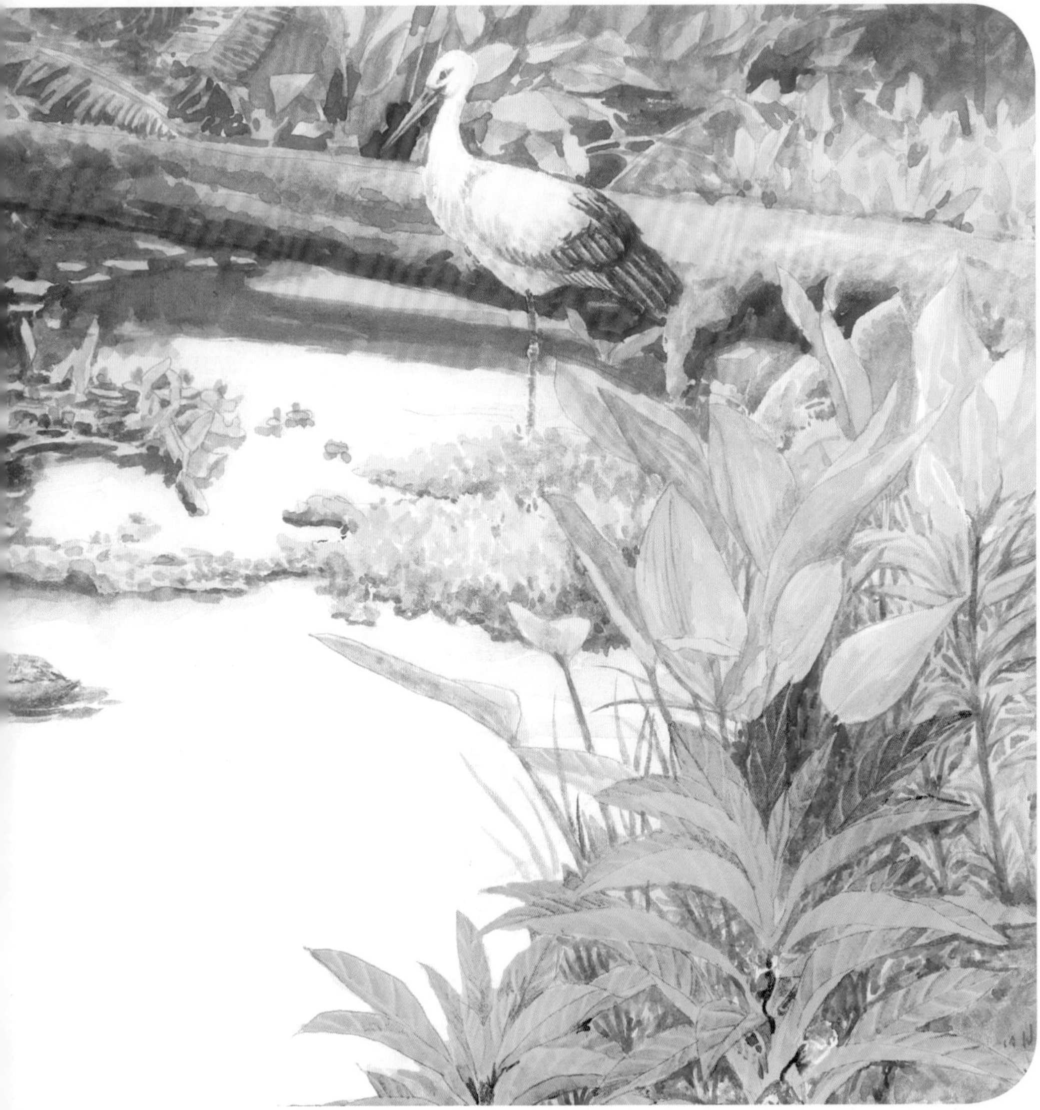

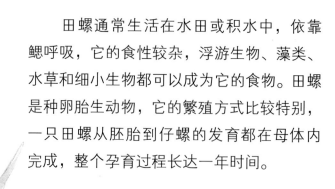

田螺通常生活在水田或积水中，依靠鳃呼吸，它的食性较杂，浮游生物、藻类、水草和细小生物都可以成为它的食物。田螺是种卵胎生动物，它的繁殖方式比较特别，一只田螺从胚胎到仔螺的发育都在母体内完成，整个孕育过程长达一年时间。

田螺

[圆田螺属]

别称：螺坨

门：软体动物门

纲：腹足纲

体长：4~5.8厘米

雌螺个体大而圆，雄螺小而长。田螺分批产卵，每年4~8月开始繁殖。一只雌螺全年可产出100~150只仔螺。

田螺肉质细嫩，味道鲜美，蛋白质含量高。烹调田螺时，应煮10分钟以上，这样才能杀死田螺体内的寄生虫，防止病菌感染。

水蛭很喜欢潜伏在水草等植物中，等待猎物出现。

水蛭喜欢生活在水田和池塘里，主要以吸取动物血液为生。它的吸血量很大，半个小时内就可以吸取相当于自身重量5倍的血液，然后可以维持六七个月不进食。

水蛭也吸食人血，当它吸附在人的身体上吸血时，人却没有任何感觉。这是因为，水蛭的体内含有水蛭素，水蛭素具有麻醉效果，会起到局部麻醉的作用。

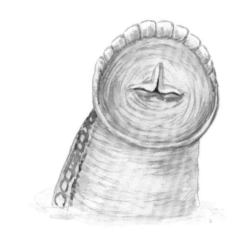

让水蛭脱离人体最好的办法是往它身上撒盐，涂肥皂水、酒和醋等。

水蛭在水中会呈波浪式游动。

别称：蚂蟥

门：环节动物门

纲：蛭纲

体长：2~15厘米

中华螳蝎蝽栖息在池塘或蓄水池里，因为外形与螳螂非常相似，所以也被称为"水螳螂"。它的尾部有一根长长的呼吸管，在水里时，它会将呼吸管露出水面呼吸。中华螳蝎蝽主要以小鱼、小虾、蝌蚪和水中的昆虫为食。

中华螳蝎蝽的腿又细又长，身体呈灰褐色，看上去像枯树枝。所以，如果它躲在枯枝败叶中，是很难被发现的。

捕食猎物时，中华螳蝎蝽也会将它的呼吸管伸出水面，确保自己呼吸畅通。
它将尖利的口器刺进猎物体内，吸取猎物的体液。

别称：水螳螂
门：节肢动物门
纲：昆虫纲
体长：4~4.5厘米

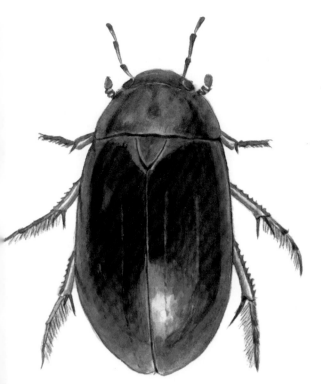

水龟虫全身呈黑色或深褐色，背部拱起，形似橄榄球。它游动时，两侧的足交替缓缓划动。水龟虫长有鞘翅和内翅，可以通过挥动鞘翅和内翅飞行。

繁殖时，水龟虫将自己的卵产在卵鞘内，卵鞘具有防水性，可以漂浮在水面上。水龟虫主要生活在池塘里，幼虫主要以捕捉小鱼、蝌蚪、落入水中的昆虫等为食，成虫则以水草、腐烂的干树叶等为食。

龙虱和水龟虫在外形上很相似，但龙虱只生活在清水中，水龟虫在浊水中也能生存。

别称：牙虫
门：节肢动物门
纲：昆虫纲
体长：3.3~4 厘米

田鳖是一种体形较大的水生昆虫，身体扁而阔，头部偏小，全身呈灰褐色。它的前腿很强壮，在前腿顶端有像钩子一样的趾甲，是田鳖捕捉猎物的利器。

田鳖较为凶猛。捕猎时，会将不同的伪装物附着在自己身上，耐心等待猎物出现，当目标靠近时，田鳖会立刻咬住猎物并向猎物体内注入能够使肌肉溶化的唾液，然后进行吸食。

雌田鳖将卵产至水草的茎上后，雄田鳖会往卵上淋水，避免卵变干。

田鳖可以食用，先放入水缸内几日，将体内的食物耗尽，再放到冷水锅中煮沸，捞出清洗，去除足、翅和内脏后，进行油炸。

别称： 水鳖虫、河伯虫

门： 节肢动物门

纲： 昆虫纲

体长： 5~12 厘米

中华绒螯蟹就是我们通常所说的大闸蟹，它的螯足和爬行足上长有很多绒毛，所以又被称为毛蟹。

中华绒螯蟹生活在靠海的江河口，它在生长过程中会蜕壳。卵经孵化长成蟹苗后，进行一次蜕壳会成为幼蟹，幼蟹再进行多次蜕壳长大。

蟹的腹部即蟹脐。雌中华绒螯蟹的蟹脐呈圆形（叫团脐），而雄中华绒螯蟹较为狭长（叫尖脐）。

雌中华绒螯蟹反应灵敏，行动迅速，能在地面迅速爬行，也能攀登高处，还能在水中游泳。

别称：大闸蟹、河蟹、毛蟹、清水蟹

门：节肢动物门

纲：软甲纲

体长（背甲宽度）：约7厘米

鲫鱼生活在淡水水域，水田、池塘、江河里都可以看到它的身影。它的体形比鲤鱼小，有黄色、银色和灰色三种颜色。

鲫鱼是杂食性动物，它既吃水草、植物的种子，也吃小虾、蚯蚓和昆虫等。春天是它们的采食旺季，冬天气温降低，鲫鱼采食量也随之减少。

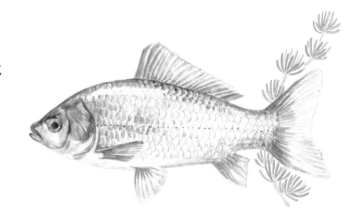

鲫鱼无须，头部短小，尾鳍像燕子的尾巴一样有分叉。鲫鱼是最常见的垂钓鱼种。

别称：鲫瓜子、月鲫仔、土鲫

门：脊索动物门

纲：硬骨鱼纲

体长：10~30厘米

鲫鱼营养丰富，人们用它煲成的鲫鱼汤味道鲜美，非常适合脾胃虚弱的人食用。

鲤鱼在淡水鱼中有"老寿星"的称号，这是因为它的寿命很长。

鲤鱼的体形比鲫鱼大，它的嘴唇厚厚的，嘴唇上方还长有两对胡须。它广泛生长在江河水流平缓处、池塘等水域中。

鲤鱼可煮食，味道鲜美，可治咳嗽、黄疸等症。不过刺比较多，吃的时候要小心。

德国锦鲤分为四种，即革鲤、镜鲤、铠鲤和不规则鳞德国鲤。此图为镜鲤。

别称：鲤拐子、鲤子
门：脊索动物门
纲：硬骨鱼纲
体长：35~100 厘米

长吻拟鮈因为嘴巴较长而得此名。它主要栖息在江水或溪流中的沙地上，常常紧贴着沙地游动，时不时还会藏进沙子里。长吻拟鮈在沙地上产卵，然后用沙子将卵埋起来加以保护。它主要以水生昆虫、小水草为食。它进食的方式很特别：先直接吞食沙土，然后将沙土中的小昆虫留在体内消化，沙子则经过鳃排出体外。

长吻拟鮈的嘴边有须，身体上有规律地分布着黑色的斑点。

长吻拟鮈将自己埋进沙土中的样子。

别称： 耗子鱼、土耗儿
门： 脊索动物门
纲： 硬骨鱼纲
体长： 12~20 厘米

泥鳅是鱼类，所以又被人们称为鱼鳅、鳅鱼。泥鳅的全身滑溜溜的，很难捕捉，这是因为它自身会分泌黏液。我们常看到它在泥潭里扭来扭去，那是它在捕食泥沙中的小昆虫。

泥鳅不仅能用鳃和皮肤呼吸，还可以直接用肠呼吸。当在水中感到缺氧的时候，它就会将嘴伸出水面，用嘴直接吸入空气，再用肠子辅助呼吸。

泥鳅体表的黏液既能保护它不受病菌侵染，又能使它们行动更加敏捷，更易逃脱。

泥鳅能用肠呼吸，所以它离开水后仍然能存活较长时间。

别称： 鱼鳅、鳅鱼

门： 脊索动物门

纲： 硬骨鱼纲

体长： 15~20 厘米

泥鳅素有"水中人参"之美誉，可红烧，也可以煲汤。

鲇鱼是一种寿命很长的鱼，食量大，生长速度快。它虽然是鱼类，但它的身上没有鱼鳞，身体和泥鳅一样滑溜溜的。它的头部扁平宽大，嘴巴很大，嘴边长有两对须，其中一对须非常长。鲇鱼主要生活在江河、溪流中，以鱼、青蛙、虾等小动物为食。它喜欢夜里出来活动，白天则藏在草丛或石块下面。

鲇鱼体色通常呈黑褐色
或灰黑色，略有暗云状斑块。

别称：胡子鲢、黏鱼、塘虱鱼

门：脊椎动物门

纲：硬骨鱼纲

体长：30~50 厘米

鲇鱼眼睛较小，两只眼睛相距比较远。

蟾蜍俗称癞蛤蟆，它的背上长满了大大小小的疙瘩，这些疙瘩是皮脂腺，里面装满了毒液。每当遇到危险时，蟾蜍的皮脂腺就会分泌出白色的毒液。蟾蜍以昆虫、蚯蚓等小动物为食，还能帮农民消灭田地里的害虫。

每年 2~4 月，蟾蜍开始繁殖，雄性个体明显比雌性小。

蟾蜍的卵排列成串状，叫作卵带。

别称：癞蛤蟆、癞刺、癞疙宝

门：脊索动物门

纲：两栖纲

体长：7~12 厘米

林蛙的背部为土黄色，与枯树枝极为相似，栖息在多落叶、苔藓的潮湿山谷中，极难被发现。林蛙的发育比较特别，由卵孵化而来的小蝌蚪在水中用鳃呼吸，这时主要以藻类、植物碎屑、嫩叶等植物为食。林蛙每年冬天都会休眠，在"惊蛰"时节醒来，是最早从冬眠中醒来的蛙类。

林蛙 [林蛙属]

林蛙在水中产卵，卵团中包裹的黑色圆点就是它的卵。一个卵团大概有 500~3000 颗卵。

它的四肢细长，有很强的跳跃能力。

别称：哈士蟆、红肚囊、雪蛤
门：脊索动物门
纲：两栖纲
体长：5~18 厘米

林蛙可以提取出林蛙油。林蛙油的药用价值很高，是滋养身体的好补品。

牛蛙的叫声非常洪亮，很像牛的叫声，因此而得名。牛蛙体形硕大，以昆虫、青蛙和蛇为食。雌蛙一次能产下 6000~40000 颗卵。牛蛙是可以食用的蛙类，它的生长速度快、体形大、肉质肥美、营养价值高，有健胃滋养的功效。它的皮柔软坚韧，是制作钱包、皮带和乐器等物品的优良材料。

牛蛙的皮肤很粗糙，背部为草绿色或者栗色，腹部是白色的，全身都有黑色的花纹。

现在，牛蛙已被我国大范围养殖，是餐桌上一道美味食材。

牛蛙的蝌蚪比一般蛙的蝌蚪体形都要大。

别称： 菜蛙

门： 脊索动物门

纲： 两栖纲

体长： 7~20 厘米

青蛙除了肚皮是白色以外，全身都是绿油油的，很光滑。青蛙主要生活在池塘、水沟、稻田以及河边的草丛中，以昆虫为食。它的眼睛对运动中的物体很敏感，当昆虫从它身边飞过时，它会迅速地用舌尖将虫子卷进嘴里。

青蛙很喜欢合唱，夏天时，青蛙呱呱的叫声在田野里此起彼伏。

青蛙长长的舌头是反方向生长的，舌根长在嘴巴前面，舌尖缩在喉部。

别称：蛙、蛤蟆

门：脊索动物门

纲：两栖纲

体长：5~30 厘米

每年的 4 月中下旬，青蛙开始抱对繁殖。孵化出的小蝌蚪生活在水中，用鳃呼吸，长成成体后就能跳上岸，用肺和皮肤呼吸了。

在自然环境下，幼体需要 3 年左右的生长期才能成为成年爪鲵。

爪鲵的卵袋中一般有 16~26 枚卵。卵袋呈透明胶囊状，一般用柄固在水草上或悬挂在水中的岩石上。

爪鲵对生长环境的要求比较高，多生活在温度低、水质清澈的洞窟地下水中和深山溪流中，比较稀有，被国家列为濒危级保护物种。

爪鲵昼伏夜出，主要捕食钩虾、蚯蚓、蜘蛛等体形较小的动物。

别称：水蛇子

门：脊索动物门

纲：两栖纲

体长：13~22 厘米

它的尾巴较长，几乎跟身体等长。

黑龙江草蜥的尾巴非常长，当被敌人抓住时，它会先断掉尾巴，然后趁机逃走。

黑龙江草蜥的食性比较杂，食量也很大，主要以昆虫为食。

黑龙江草蜥与枯枝败叶融为一体。

黑龙江草蜥身体两侧为黑褐色，尾部的鳞片以环形排列，且鳞片很粗糙。

黑龙江草蜥为了逃生断掉了自己的尾巴，但是它新长出来的尾巴要比之前的短，这时再断掉，就不会再长出新的了。

别称： 山马蛇子、树马蛇子

门： 脊索动物门

纲： 爬行纲

体长： 16~24 厘米

乌苏里蝮蛇是一种体形较小、毒性较强的蛇类。它主要生活在河边、草丛、田野和石堆中，以田鼠、青蛙、蜥蜴等活体小动物为食。

乌苏里蝮蛇有尖利的毒牙和红色的舌头，头部两侧的皮肤下有毒腺，一旦咬住猎物，毒液就会从毒牙中注入猎物体内，致使猎物昏迷或者死亡。

乌苏里蝮蛇的头部为三角形，毒牙长在上颚靠后的地方。

遇到蛇以后要避开它行走，千万不要去挑衅，以免遭到它的攻击。被毒蛇咬伤后，千万不要惊慌，更不要奔跑，不然会加速血液循环，使毒液的扩散速度加快，应该立即用止血带或随身的绳子在伤口上方扎紧，并迅速就医。

乌苏里蝮蛇 〔亚洲蝮属〕

别称：白眉蝮

门：脊索动物门

纲：爬行纲

体长：50~66厘米

鳖又被称为甲鱼，它的背甲上长有一层柔软的外膜，所以它的壳没有乌龟壳坚硬。鳖的嘴比较长，鼻孔长在嘴巴前端，四肢上各长了五个趾，趾间都有蹼，主要以鱼、虾、贝类等为食。它用肺呼吸，常常将鼻尖露出水面呼吸新鲜空气。

鳖的牙齿很锋利，一旦咬住东西，就不会轻易松口。

鳖 [鳖属]

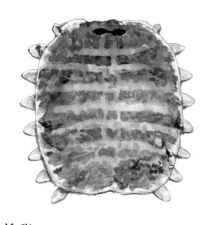

因为长着外膜，鳖的背甲看起来很光滑。

甲鱼属于高蛋白、低脂肪食品，富含多种维生素，具有一定的食疗作用。

别称：甲鱼、团鱼

门：脊索动物门

纲：爬行纲

体长（背甲长度）：20~34 厘米

鳊鱼身上布满黑白相间的条纹，就像穿了一件"条纹衫"似的，它的背部比较高，身体扁扁的，整体为菱形。鳊鱼主要栖息在江河、湖泊的中下层，它是草食性鱼类，食性较广，既吃苦草、轮叶黑藻和眼子菜等水生植物，也吃陆生的禾本科植物和菜叶，在水底活动时还会吃植物碎屑和浮游生物。

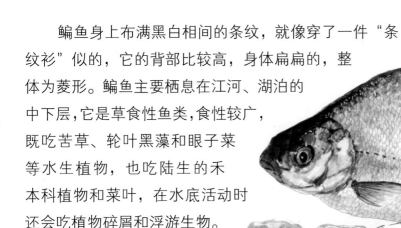

鳊鱼多在浅水多草的水域产卵，它的卵具有黏性，可以附着在水草的叶子上。

鳊鱼味道鲜美，具有益脾养血的功效，适合贫血体虚、营养不良的人食用。

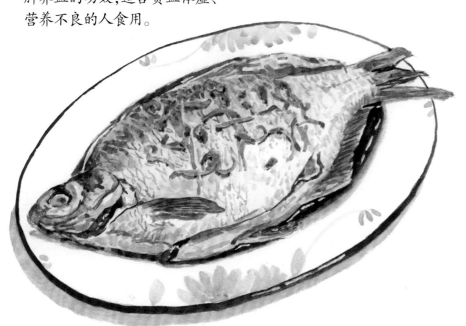

别称：长身鳊、鳊花、油鳊

门：脊索动物门

纲：硬骨鱼纲

体长：约40厘米

中华原吸鳅是一种小型鱼类，喜欢趴在石头上。中华原吸鳅生活在水流湍急、底部多沙砾的溪水及河底。它的食性比较杂，食量也不大，以吃小虾、藻类等为食。

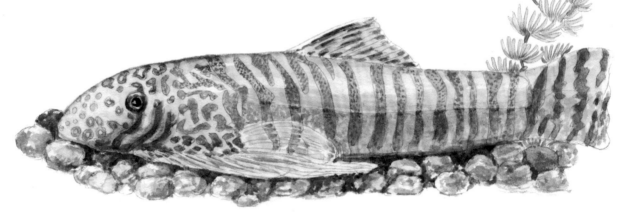

它的身上布满了暗黑色的条纹。

别称：无

门：脊索动物门

纲：硬骨鱼纲

体长：约6厘米

厚唇原吸鳅因为数量稀少，且身上长的黑白条纹极像熊猫，也被称为"熊猫吸鳅"。

黄鳝的身体呈蛇形，没有鱼鳍，没有鳞片，表面有黏液，整个身体滑滑的。黄鳝的鳃不发达，需要借助口腔、喉腔和咽腔的内壁表皮呼吸空气。

黄鳝生活在池塘、河道、稻田等淤泥质水底层，白天休息，夜里出来觅食。它生性凶猛，采用啜吸的方式捕食小鱼、小虾和蝌蚪等。

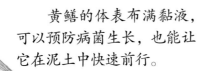

黄鳝的体表布满黏液，可以预防病菌生长，也能让它在泥土中快速前行。

黄鳝在产卵前会先吐出泡沫构筑卵床，使受精卵能够借助泡沫的浮力浮上水面发育。

黄鳝肉质鲜嫩，营养价值很高。它体内所含的"鳝鱼素"具有清热解毒、祛风消肿等功效。

别称：鳝鱼、罗鱼

门：脊索动物门

纲：硬骨鱼纲

体长：20~100 厘米

黄颡鱼是一种没有鱼鳞的鱼，它的身体大多有褐色斑纹。黄颡鱼主要生活在江河、湖泊的底层。它白天沉到水底休息，晚上出来觅食。它的视力很弱，捕食猎物时，主要依靠自己的嗅觉，当然也少不了四对须的帮助。

黄颡鱼的背鳍和胸鳍处都有一个硬刺，尾鳍分叉。

黄颡鱼营养丰富，刺较少，有祛风、益脾胃、提高免疫力的功效，是非常棒的食疗佳品。

别称：黄角丁、黄骨鱼

门：脊索动物门

纲：硬骨鱼纲

体长：约10厘米

中国水蛇一般生活在池塘、水田、河沟等水域中，它喜欢在淤泥中钻来钻去，也被叫作"泥蛇"。它主要以泥鳅、小鱼、小虾和各种蛙类为食。中国水蛇比较胆小，在进食时，如果受到干扰，会立刻把吞进肚子里的食物吐出来。

中国水蛇的眼睛呈水泡状。

中国水蛇有毒，但毒性轻微，它的毒牙长在上颚末端，属于后毒牙毒蛇。

别称： 泥蛇

门： 脊索动物门

纲： 爬行纲

体长： 26~83 厘米

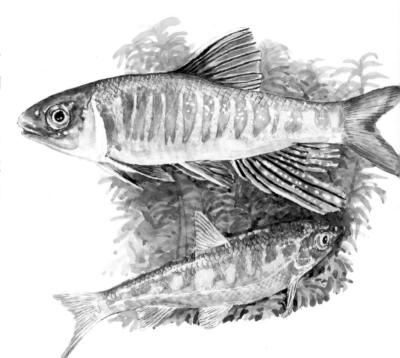

马口鱼虽然体态娇小，性格却十分凶悍，它们常常集体活动，捕食别的小鱼和水生昆虫。

它生活在山涧的溪流里，并且偏爱水流湍急的浅滩。在繁殖期间，雄性马口鱼的头部下方、胸腹鳍及腹部都会呈现出橙红色，颜色非常鲜艳，它们以此来吸引雌性马口鱼。

马口鱼可香煎、可油炸，爽口美味。

别称：花杈鱼、桃花鱼、山鳡、坑爬

门：脊索动物门

纲：硬骨鱼纲

体长：10~20 厘米

油餐条的体形比较小，可用作肉食性鱼类的饵料，它们主要生活在江河、湖泊和池塘中，喜欢集体游到浅水区觅食。每年5~7月繁殖期时，油餐条会集体浮上水面，逆着水流跳跃着产卵。这些卵具有黏性，会黏附在水草或者沙石上完成发育。

将去掉内脏的油餐条用盐腌制两天，然后晒干，再用油煎烤。做好的油餐条可以连着鱼骨一起食用，香脆可口。

别称：油餐、白条、鳝子

门：脊索动物门

纲：辐鳍鱼纲

体长：10~14 厘米

日本沼虾的身体为青绿色，所以又被称为青虾。它属于淡水虾，主要分布在江河、湖泊、水库和池塘中。它的体内含有一种非常强的抗氧化剂，叫作虾青素。从沼虾中提取出的虾青素可以应用在化妆品、食品添加剂和药品中。

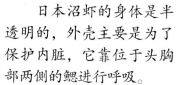

日本沼虾的身体是半透明的，外壳主要是为了保护内脏，它靠位于头胸部两侧的鳃进行呼吸。

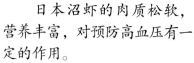

日本沼虾的肉质松软，营养丰富，对预防高血压有一定的作用。

日本沼虾 〔沼虾属〕

–40–

别称：青虾

门：节肢动物门

纲：软甲纲

体长：4~8 厘米

在水流湍急的河段，黄石爬鲵匍匐在砾石滩上生活。

由于经常在石头间爬来爬去，所以黄石爬鲵又叫石爬子。黄石爬鲵的体形不大，喜欢生活在山涧多沙石的急流滩上。

黄石爬鲵的头又宽又扁，嘴巴也很宽大，眼睛长在头顶上，非常小。它的胸鳍很大，就像一个圆形吸盘，它平时就是利用胸鳍紧紧地吸附在石头上，才不至于被湍急的河水冲走。黄石爬鲵属于杂食性鱼类，主要以水生昆虫及其幼虫为食。

黄石爬鲵的背鳍、胸鳍没有硬刺。

别称：石爬子、石把鱼

门：脊索动物门

纲：硬骨鱼纲

体长：14~17 厘米

东方蝾螈的腹部为红色，颜色非常鲜艳。它的外形与蜥蜴非常相似，但是它的体表没有鳞，体形也比较小。东方蝾螈靠光滑的皮肤吸收水分，它喜欢潮湿且安静的生活环境，主要以小鱼、面包虫、水蚯蚓等小动物为食。东方蝾螈又湿又滑的皮肤有剧毒，不能食用。

东方蝾螈的前爪上有4个脚趾，后爪有5个脚趾，而娃娃鱼则刚好相反。

雌性东方蝾螈在水草叶子上产卵，它用后肢将叶片反复夹拢卷成褶，将卵产在里面。

别称：中国火龙

门：脊索动物门

纲：两栖纲

体长：6~8厘米

鳜全身青黄并且带着金属光泽，身体的侧面还长着不规则的黑色斑纹。它的性格很凶猛，以活鱼、活虾等为食。与其他肉食性鱼类不同，它吃东西非常细致，吞下活鱼、活虾后，会将鱼刺、虾壳吐出来。

鳜
[鳜属]

它的嘴巴很大，下颌突出。背鳍很发达，几乎占了整个背部。

鳜刺少肉多，肉质细嫩，是食用的佳品。其中，松鼠鳜是非常有名的一道菜。

别称：鳜鱼、花鲫鱼

门：脊索动物门

纲：硬骨鱼纲

体长：约60厘米

黑鱼 [鳢属]

黑鱼除了腹部为淡白色以外，其余地方都呈灰黑色，再加上它的身体修长，很像一只木棒，所以又被人们叫作"乌棒"。黑鱼属于肉食性鱼类，是很狡猾的捕食者。它常常利用自己的身材优势，待在原地静止不动，让小鱼、小虾放松警惕，等靠近再进行捕食。

另外，黑鱼在没有水的情况下也能存活很长时间，这是因为它借助鳃上器可以直接呼吸空气中的氧气。

产卵前，雌雄黑鱼会一起用嘴叼着水草、植物碎片以及吐泡沫来筑巢。产卵后，它们还会一起潜伏在鱼巢附近守护鱼卵。

黑鱼肉质细嫩，口味鲜美，且营养价值颇高，是人们喜爱的上乘佳肴。

别称：乌鱼、乌鳢
门：脊索动物门
纲：辐鳍鱼纲
体长：20~32 厘米

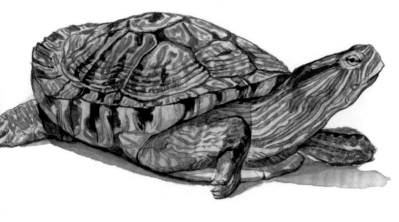

红耳龟因为头部两侧生长的红色粗条纹像两只耳朵而得名。幼年的红耳龟背甲和皮肤都是鲜亮的青绿色。随着龟龄增加，背甲的颜色慢慢变成褐橄榄色。

红耳龟一般栖息在溪流、池塘中，主要以水草、小鱼和青蛙为食，坚硬有力的下巴是它捕食的利器。

幼年时，龟壳颜色青绿鲜亮，因此也被称为"翠龟"。

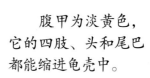

腹甲为淡黄色，它的四肢、头和尾巴都能缩进龟壳中。

别称： 红耳彩龟、红耳泥龟

门： 脊索动物门

纲： 爬行纲

体长（背甲长度）： 23~28 厘米

成年后，龟壳会变成褐橄榄色。